中国科学院生物与化学专家 胡苹 编著

星蔚时代 编绘

U0160610

哈！

看得见的

生物

奇特的
植物王国

中信出版集团 | 北京

图书在版编目（CIP）数据

奇特的植物王国 / 胡苹编著 ; 星蔚时代编绘 . --
北京 : 中信出版社 , 2024.8
（哈！看得见的生物）
ISBN 978-7-5217-6633-2

Ⅰ . ①奇… Ⅱ . ①胡… ②星… Ⅲ . ①植物 – 儿童读
物 Ⅳ . ① Q94-49

中国国家版本馆 CIP 数据核字 (2024) 第 103664 号

奇特的植物王国
（哈！看得见的生物）

编 著 者：胡苹
编 绘 者：星蔚时代
出版发行：中信出版集团股份有限公司
　　　　　（北京市朝阳区东三环北路27号嘉铭中心　邮编100020）
承 印 者：北京瑞禾彩色印刷有限公司

开　　本：889mm × 1194mm 1/16　　印　张：3　　字　数：130千字
版　　次：2024年8月第1版　　印　次：2024年8月第1次印刷
书　　号：ISBN 978-7-5217-6633-2
定　　价：88.00元（全4册）

出　　品：中信儿童书店
图书策划：喜阅童书
策划编辑：朱启铭 史曼菲
责任编辑：王宇洲
特约编辑：范丹青 杨爽
特约设计：张迪
插画绘制：周群诗 玄子 皮雪琦 杨利清
营　　销：中信童书营销中心
装帧设计：佟坤

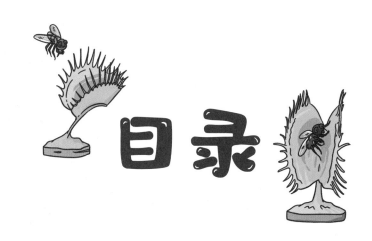

目录

植物大家庭

为什么你还这么没精神呢，再给你多浇点水吧。

你怎么哗啦啦地浇个没完呀?

我在拯救这盆花，你看它都要枯萎了。

你这样恐怕救不了它，你是不是一直以来只为它浇过水?

对啊。

你想要帮助它，首先要了解它，光浇水可能是不够的。

你没有给它施肥吧。

施肥? 植物不是可以自己合成养分吗?

合成的养分有可能不足，它的健康成长还需要很多其他元素。

原来是这样，太对不起它了。

看来我确实对植物了解不足，应该好好学习一下。

最初地球上可是没有氧气的，多亏水中的蓝细菌和能制造氧气的植物的出现，才形成了可以供其他生命生存的大气。

给它加点营养液，过些日子它应该就会恢复了。

太好了。

不要小看植物，没有植物就没有现在的地球。

在动物没有涉足陆地的时候，植物中的苔藓已经开始向陆地进发生长了。

简单的植物——藻类与苔藓

5

孢子囊生长在叶的背面，一开始长在卷起的叶面边缘。当孢子囊生长成熟，就会破开，释放出大量孢子。

囊群盖
孢子囊

从孢子长成一株新的蕨类植物，要经历两个时期。

孢子首先会萌发成配子体，然后长出精子器产生精子和颈卵器产生卵子。

接下来精子从颈卵器的颈口窜入与卵子结合，就可以发育成新一代的蕨类植物了。

散出孢子
配子体发育
成熟的配子体
颈卵器
精子器
受精卵

你可能无法想象，蕨类曾经也是十分高大的。

真的吗?

科学家推测，在遥远的石炭纪，曾经生活着高达几米甚至几十米的蕨类植物。

不过，这些高大的蕨类没能适应环境变化，都灭绝了，只剩下一些小小的后代。

没见过它们真是可惜啊。

不过现在留下的蕨类真是可爱，让人想养一些呢。

可以呀，蕨类姿态美观，常常用来装饰庭院。

打造美丽的植物园

蕨类植物有着修长的拱形枝条和如羽翼一样舒展的叶片，看起来十分优雅美丽。另外蕨类很喜欢在背阴处生长，所以适合在室内养殖。搭配上可爱的苔藓，你就可以打造出一片属于自己的绿色天地。

鳄鱼蕨

有着如鳄鱼表皮般的叶面纹理，令人过目难忘，适合置于吊篮养殖。

悬垂蕨类苔藓球

我们可以将苔藓包裹在蕨类植物的泥土根球上，这样就能得到一个充满自然气息的悬挂装饰，将多种苔藓球植株安置在一起就能得到一座"悬垂式花园"啦。

需要准备的材料：

* 水桶
* 园艺麻线
* 剪刀
* 喷水壶
* 适宜盆栽的田园土
* 成年蕨类植物
* 成片的灰藓或人造苔藓
* 一些富有黏性的土壤

① 把田园土和少量黏性土壤在水桶中混合，加入一点水让混合的土壤变得潮湿、黏稠，以便于包裹根系。

② 将成年蕨类从花盆中取出，轻轻摇晃，将一部分土从根上抖下来。

③ 用混合好的土壤包裹蕨类的根，做成一个和花盆体积差不多的球状根坨。

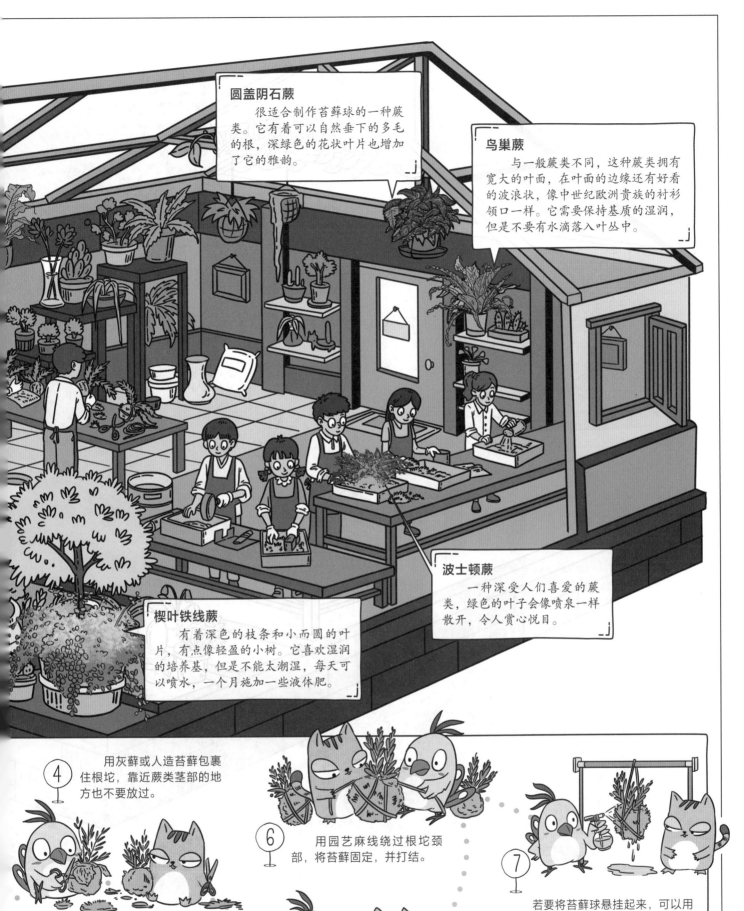

圆盖阴石蕨
　　很适合制作苔藓球的一种蕨类。它有着可以自然垂下的多毛的根，深绿色的花状叶片也增加了它的雅韵。

鸟巢蕨
　　与一般蕨类不同，这种蕨类拥有宽大的叶面，在叶面的边缘还有好看的波浪状，像中世纪欧洲贵族的衬衫领口一样。它需要保持基质的湿润，但是不要有水滴落入叶丛中。

波士顿蕨
　　一种深受人们喜爱的蕨类，绿色的叶子会像喷泉一样散开，令人赏心悦目。

楔叶铁线蕨
　　有着深色的枝条和小而圆的叶片，有点像轻盈的小树。它喜欢湿润的培养基，但是不能太潮湿，每天可以喷水，一个月施加一些液体肥。

④ 用灰藓或人造苔藓包裹住根坨，靠近蕨类茎部的地方也不要放过。

⑤ 用剪刀剪去多余的苔藓，在根坨颈部多留下一些，苔藓球就做成了。

⑥ 用园艺麻线绕过根坨颈部，将苔藓固定，并打结。

⑦ 若要将苔藓球悬挂起来，可以用另一根麻线做一个吊环。将苔藓球悬挂在阳光不会直射的潮湿地点，需要经常给它喷水。如果感觉苔藓球变轻了，可以把根球浸入水中10~15分钟，直到浸透。

鳞木类植物

　　提到古生物，你是不是会想起三叶虫、霸王龙那种长得有些奇怪或是十分威风的动物呢？其实古生物中也有一些长得很有趣的奇怪植物，下面就让我们认识一类最具代表性的古代树木——鳞木类植物吧。

这是什么？某种恐龙的尾巴化石吗？

不对，这是一种鳞木类植物的树干化石。

它们极少能留下完整的化石，只能依靠树木一些部位的零散化石来还原它们的样子。

　　鳞木类植物是已经灭绝的一种原始蕨类植物，高可达 38 米。科学家们推测，过去这些植物曾经形成过广袤的森林，其面积甚至超过现在的热带雨林。

　　鳞木类植物看起来很像我们现在高大的乔木，但是它们之间有着本质区别。乔木依靠粗壮的树干来支撑自己高大的身躯，而鳞木类植物则是用坚固的表皮结构来支撑自己。

鳞木类植物的叶

鳞木类植物的叶和我们常见的树叶不同，它们是有很多叶片的小型叶，并且上面并没有清晰的脉络。

孢子叶球

孢子

孢子叶球

作为蕨类植物的一种，鳞木类植物也用孢子繁殖。它的叶尖端会长出孢子叶球，每一个孢子叶球中会有很多小孢子囊。

鳞木类植物最明显的特点就是茎、枝表面规则的鳞状纹路。

是的。在二叠纪末期发生了一次物种大灭绝，高大的鳞木类植物没能幸免。只有它的一些矮小亲戚留了下来，你看这种小小的石松类植物就是它的亲戚。

现在已经见不到这么有趣的鳞木类植物了吧。

根座

在鳞木类植物的树干基部有类似根的基座，它的表面也覆盖着坚硬的皮层。鳞木类植物的根座非常庞大有力，可以深入地下 10 米以上。

种子的秘密

我们知道苔藓和蕨类用孢子传播，但是孢子十分脆弱。

而种子就不同了。它的种皮，就像一层结实的衣服，可以保护其中的胚。

种子的胚乳可以给胚提供最开始生长所需的营养。

胚乳成分大多是淀粉，有的也含有脂肪。

啊，这里沙尘太大了……

哈哈，还好我有种皮！

淀粉咀嚼后会产生甜味，怪不得米饭这么好吃。

种子的这种结构让它在条件不理想时，保持休眠，等到环境合适时再发芽成长。

新闻常有报道，许多年前的莲花种子现在依然能发芽开花呢。

太神奇了。

有的种子能保存几个月，有的能保存好几年。

不同种子的大小差异很大。比如椰子的种子很大，而水稻的就很小。

椰子的种子养分储备丰富，存活率很高。水稻的种子虽小，数量却很多，这样也可以充分保证繁衍成活率。

真是聪明的繁殖方式呢。

种子可以被动物、风等很多因素传播到很远的地方，这样植物就可以让自己在更广阔的范围传播开来啦。

植物进化的一大步——裸子植物

　　拥有种子是植物进化的重要里程碑，种子可以大大提升植物在繁衍后代时的成功率，让植物更加适合陆地生活。最早进化出这种能力的是裸子植物，为什么要叫裸子呢？因为它们的种子都是裸露在外的。常见的松树就是典型的裸子植物。

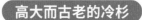

高大而古老的冷杉

　　你知道吗？我们常见的冷杉早在恐龙生活的白垩纪就已经出现了，它们不怕冷也不怕潮湿。依靠种子，它们战胜蕨类成为优势植物，得以繁衍至今。

冷杉的雄花

冷杉的雌花　　成熟球果

　　裸子植物还进化出了花粉管，这是雌花中的一种类似通道的结构，可以让花粉中的精子从这条通道到达卵子。这样植物受精更方便，且不需要水的辅助，更适应陆地生活。

成熟球果

　　冷杉的果实长6~11厘米，表面有少许白色的粉末。

　　裸子植物有着比蕨类植物更加先进的生长能力，它们的根茎可以次生生长，变得更加粗壮，长成参天大树，更适合陆地生活。

　　松树是常见的裸子植物，它们的种子就在松果之中，种子可以得到保护，这一进步让种子植物战胜蕨类植物成为植物界的霸主。

植物活化石——银杏

　　银杏有着扇形叶子，秋天叶子会变成美丽的金黄色。银杏可是树中的老前辈，有植物活化石之称。它诞生于 2 亿年前，也是一种裸子植物。

　　我们看到的这种小小的"果实"就是它的种子。种子内部有坚硬的白色外壳，所以被称为白果。

这个松果整个都是种子吗?

其实夹在中间的才是种子，我们看到体积比较大的是木质鳞片，种子位于鳞片的缝隙。

开花结果的被子植物

　　开花结果是我们对植物的固有印象，其实这是植物当中最高等的被子植物才有的技能。当植物有了种子之后，如何有效地保护种子就成了新的问题。被子植物可以用果皮包裹种子，这让种子变得更加安全。大约1亿年前，被子植物依靠这个技能成功从裸子植物手中夺过植物霸主的宝座，并一直延续至今。

　　作为最高等的植物，被子植物有很多技能，它们大多都会开花结果。比起其他植物，它还有发达的传输结构，可以把养分和水分送到植物的各处。

雌蕊
雄蕊

美丽的花朵

　　在小小的花朵上，有雄蕊和雌蕊的结构。雄蕊上产生花粉，当这些花粉接触到雌蕊，花就完成了授粉，授粉后的雌蕊完成受精，就会结出果实。

借助动物授粉

　　被子植物用花蜜吸引昆虫和小动物，当这些采蜜的动物接触到花时会把雄蕊的花粉沾到身上，然后接触到雌蕊，在不知不觉间帮助植物完成授粉。

番石榴

桃花

被子植物为什么会长出这么好吃的果实呢？

这是因为它们想要得到你的帮助啊。动物吃下果实的果肉，留下种子，这样就把种子散播到更远的地方了。

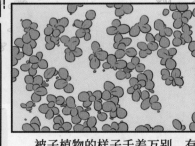

　　被子植物的样子千差万别，有高达上百米的乔木，也有小小的无根萍。这些无根萍漂浮在水面上，细小如沙子，但它也会用比自己还小的种子繁殖后代。

筛管

树皮中的导管和筛管分别是植物运输水分和营养物质的通道。所以如果我们截下一棵树的一圈树皮，很可能就会导致植物枯萎死亡。

板栗

椰子生长在热带，有宽大的叶子和巨大的果实。它的果实有坚固的外壳，里面有美味的果肉和椰汁。

椰子

板栗可以长到20米高，它的果实有坚硬的外壳，还布满尖刺。

荔枝

被子植物这种利用动物的小心思，大大推动了动物界和植物界的发展。植物种子得以更好地传播，而动物得到了更好的食物来源。

杧果

莲雾

菠萝

波罗蜜

番木瓜

播种种子吧

一种方式是同一朵花上，雄蕊的花粉会直接落在自己的雌蕊上，叫自花传粉。

另一种是一朵花的花粉传播到另一朵花的雌蕊上，叫异花传粉。

那传粉之后，就可以长出果实了吧。

你说得没错。

当花粉落在雌蕊柱头上，柱头的黏液就会刺激花粉萌发。

萌发的花粉会长出花粉管，那是精子通往子房里卵子的高速公路。

精子与卵子结合就完成了受精。

子房 → 果实
胚珠 → 种子

到此，花的使命就结束了。此时，花就开始凋零，然后子房和胚珠分别发育成果实和种子。

怪不得花和果实不会同时存在，原来果实是花的一部分成长而来的。

这个过程听起来很流畅，其实对于不能动的植物来说，是一种很依赖运气的繁殖方式。

有时果树的果实产量低，玉米上面缺少种粒，都是因为传粉不足引起的。所以有时需要人工授粉。

我明白了！那等到果树开花的季节我也要去帮果树传粉，这样才能有更多的水果吃。

好，好，你多多加油吧。

吸收与传递营养——植物的根和茎

成熟区

伸长区

分生区

根冠

根尖部分放大图

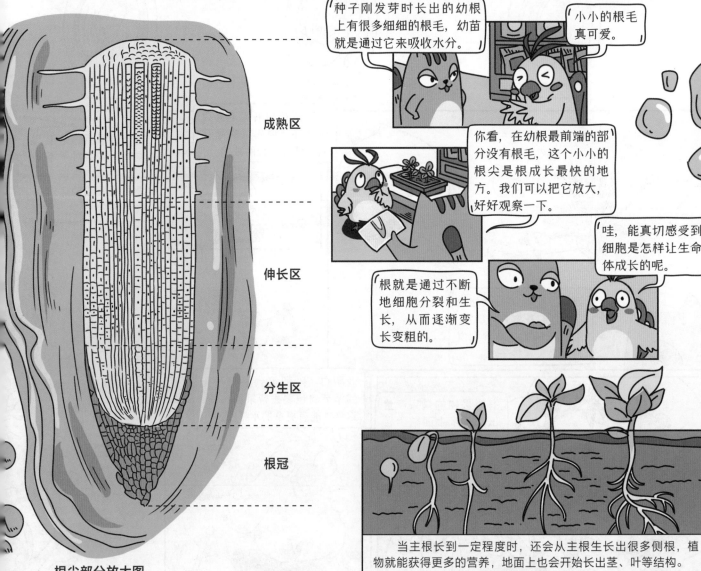

当主根长到一定程度时，还会从主根生长出很多侧根，植物就能获得更多的营养，地面上也会开始长出茎、叶等结构。

没想到地下的根都这么有趣，那植物的茎又有哪些特点呢？

生长点

最开始长出的茎由表皮、细胞组织和维管束组成。随着茎的成长，内部会分生出更加复杂的结构。

茎是支撑植物的重要部位，并且它内部还有许多通道，来传递植物需要的水分和营养物质。

茎的横切面图

维管束 新生的茎

植物茎的尖端和根比起来就比较脆弱了，它只有薄薄的表皮，它不需要面对坚硬的土壤，只要让它下面的分生组织不断生长就够了。

如果你用显微镜观察植物茎的切面，会发现很多有意思的东西。

什么东西？

那就是很多中空的导管。这些导管如线缆一样遍布植物的根、茎、叶，可以运输水分。

不过，植物吸收的水是从土壤中来的吧，这些导管怎么能把水从下抽到上面的植物内呢？

这就要再看看叶啦。

在叶上有很多气孔，它们是植物发生蒸腾作用的门户，水分通过气孔蒸发到空气中。

这种蒸腾就像有人在吸吸管一样，能让植物导管中的气压降低，水就被吸到导管中，从而源源不断地把水分运输上来。

所以别看植物好像一动不动，但它内部也像工厂一样运作，很有趣呢。

植物的根、茎还有很多不同的样子呢，咱们去外面找一找，看看不同植物的特点吧。

真是太巧妙了！

确实不能小看它们了。

好哇！

23

奇怪的根与奇特的茎

你知道吗？植物的根和茎也是多种多样的。有的植物的根粗壮而有力，有的植物的根则如丝一样柔软。大多数植物把根深埋地下，有的植物则把根长到地面上。你想认识这些植物吗？随我们的脚步一起去大自然中找找吧。

树木的根系

树木的根系十分庞大，它会深入地下，向四面展开。这样的根系不仅可以让树木在狂风中屹立不倒，还能高效地吸收土壤中的养分。

营养丰富的贮藏根

一些植物会在根部贮藏营养，如淀粉。我们爱吃的红薯就拥有这样的贮藏根。很多名贵的中药材也是植物的贮藏根，如人参、何首乌等。

人参

榕树的气生根

一些植物的根并不是由地下的主根或侧根上长出来，而是从茎甚至叶中长出来，被称为不定根。榕树的不定根非常厉害，它从茎中直接长出来，需要一段距离才能着地，这些根叫作气生根。

榕树因为拥有这样壮观的造型，尤其是巨大的树冠而被人们喜爱，常作为公园或者林荫步道边的植被。

榕树的根又多又好看，好像树木自己长成了树屋。

胡须一样的须根

草莓等一些植物长着杂乱的须根。它们的主根在发芽不久后就会停止生长或死亡，而大量的不定根会从茎的基部长出，形成杂乱的根。

热带植物的板状根

板状根是热带木本植物所特有的一种根，它从树干的基部长出，斜插入土中，起到稳固植物的作用。

直根系的植物

直根系是与须根系相对的另一种常见的根。它由主根和侧根组成，主根和侧根区别明显，可以伸入土壤深处。蒲公英的根就是直根。

特立独行的洋葱茎

当你看到长在地下的洋葱，是不是也觉得它是贮藏根呢？其实这圆圆的部分是洋葱的茎——鳞茎，肉质肥厚且富含水分。洋葱的根其实是茎下小小的须根。

郁金香和百合的鳞茎

郁金香和百合也拥有和洋葱类似的鳞茎，里面储藏着营养物质和水分。

红薯

百合

洋葱

山药

萝卜的根

人们爱吃的各种萝卜是植物的贮藏根，它们富含各种营养，比如胡萝卜中有胡萝卜素。

萝卜

土豆

郁金香

土豆的块茎

我们食用的土豆其实是土豆的茎。它的茎是茎与根的一种过渡形态。在这些圆滚滚的茎中富含淀粉，是人们喜爱的食材。

山药也有生长在地下可供食用的茎，不过有的山药在茎的下面也有主根。在它的块茎上也会长出呈紫红色的茎。

节节长高的竹子

春雷响起，翠绿的竹子便一根又一根地从湿润的泥土中冒出。这些竹子退去了毛茸茸的外壳，一节一节地慢慢拔节长高，往往几天就能够从矮矮的竹笋长成修长秀美的竹子，那么竹子到底是如何快速生长的呢？它们为什么又有着一节一节的竹节呢？

竹子快速生长的原因

你别看有的竹子十分纤细，它的根部往往可以延伸到方圆几平方米的土壤中，坚韧又发达的根系让竹子可以轻松获取土壤中的养分。

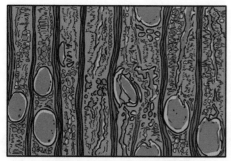

显微镜下的竹子生长细胞

竹子的生长方式与其他的植物有着很大的区别。其他的植物生长都是依靠顶端分生组织的细胞分裂慢慢生长的，但是竹子的每个竹节下部都有着分裂能力很强的细胞，在适宜的环境中，竹子就能够快速长大，一天一个样。

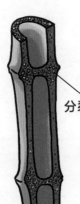

分裂能力很强的细胞

古时候，冬季可供人食用的蔬菜是比较匮乏的，而鲜嫩竹笋的出现丰富了人们的食材。竹笋鲜美的味道，也足以抚慰经过一季寒冬后人们的心灵。

竹林里除了竹子之外还会长出其他非常有价值的植物，如著名的中草药——七叶一枝花，又名重楼。因为竹林中的环境非常适合该种植物的生长，所以经常能够一长一大片。

你见过竹子的花朵吗？竹子花是像稻穗一样的花朵，每朵花，都有3枚雄蕊和1枚隐藏在花朵内的雌蕊。如果雄蕊的花粉落到雌蕊的柱头上，就能发育出种子，经繁殖，就能长出新的竹子。

竹子的节与节之间会被牢固的竹节所分隔。

在使用竹伞的古代，每年白露之前，有经验的制伞师傅就要翻山越岭寻找竹子了。竹子太老太小，太短太长，太细太粗都会影响到竹伞的制作。

竹子挺拔修长，四季青翠，不畏惧严寒和酷暑，得到了人们广泛的喜爱。

中国的竹子种类非常多。中国人用竹子，吃竹笋，赞美竹子。可以说，竹文化已经融入中国人生活的方方面面。

出淤泥而不染的荷花

荷作为多年生的莲科莲属草本植物，它的根茎——藕深深地扎入泥土里，它的叶子——荷叶如同圆形的盾牌一样，它的花朵——荷花生在了花梗的顶端被高举在水面之上。美丽的荷花自古以来被人称赞为"出淤泥而不染"。

花色最多的翠盖华章

翠盖华章是世界上花色最多的荷类品种了，它的花色白中泛黄，外层的花瓣边缘呈现出红紫色并且伴随着绿晕，内部花瓣有翠绿色斑，红、白、黄、绿交相辉映，十分绚丽。

荷是植物中的活化石，最早的被子植物之一。荷的种子叫作莲子，有着椭圆形的坚硬外壳，大小如同花生。莲子的生命力非常顽强，即使它被遗忘在淤泥深处，只要生长环境合适，就能够生根发芽。

莲子发芽

在荷塘厚厚的淤泥中，当环境温暖适宜，莲子的外壳开裂，就会长出嫩嫩的叶，生出又细又长的藕鞭。再经过一到两年的时间，荷的根系就能够错综复杂地铺满整个荷塘。

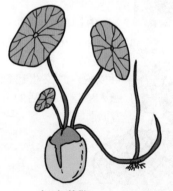

长出藕鞭

> 荷是如何生长的呢？

> 荷作为被子植物，它是从小小的莲子长成的。

美丽的荷花

随着夏季的接近，藕鞭的藕节处就会生出很多的荷叶，这些荷叶的茎秆变粗，将叶子高高举至水面上，然后长着花苞的茎秆就慢慢伸长，在某一天的清晨，美丽的荷花就会吐露出芬芳。

最古老的中国古代荷

这种荷的种子在泥炭中被封存了一千多年，作为古莲子，它的表皮已经风化，但是它却有着顽强的生命力，在 20 世纪 50 年代由中国科学院培育种植后开出了绚丽的花朵。如今北京植物园和武汉的荷花园中都有它的身影。

花瓣数最多的千瓣莲

千瓣莲是荷花中花瓣数量最多的品种，数量最多的时候可达三千枚。但是有时候因为花瓣数量过多导致开放困难，开花时常常需要人工辅助，所以有时又被人称作"懒"荷花。

花也懂得睡觉，太神奇了。

因为荷花这种白天开放，晚上闭合的习性，人们称它们为"睡莲"。

你喜欢吃美味的莲藕吗？我们日常生活中吃的莲藕其实就是荷的根状茎。在荷塘边一般不容易看到，因为莲藕生长在池塘底部肥沃的淤泥里。

藕

荷的花苞通常在清晨微微张开，中午悄悄闭合，第二天清晨，花朵开放，中午闭合。等到第三天清晨，荷花再次开放。这一过程会重复数次。当荷花凋落后，荷花的花托变成了莲蓬，受精后的胚珠变成了莲子，开始荷生命的新循环。

制造氧气的绿色植物

我想起来你在讲植物时，经常提到光合作用，那是什么？

原来我还没有和你仔细讲过啊，光合作用是植物最伟大的技能。

为什么这么说？

你知道我们生活在地球上一定会做的事有什么吗？

嗯……吃饭、睡觉、喝水吧。

虽然这些也很重要，但是你忘了最基本的……

呼吸呀。我们要呼吸新鲜空气，其中必不可少的就是氧气。

当你吃饭、睡觉、运动时，一呼一吸之间，氧气都围绕在你的周围。

那氧气与植物有联系吗？

植物可以制造氧气，而这个过程就是光合作用。

你看我把这个点燃的蜡烛放在一个封闭的环境中，氧气耗尽后，蜡烛就会熄灭。

我们来做个实验吧。首先，我告诉你，燃烧是需要氧气的。

但是若同时放一盆植物进去，会发生什么呢？

会燃烧更长的时间？

是的，因为植物可以制造氧气，所以能让蜡烛燃烧更长的时间。

如果我们把植物的叶片放大，就会看到这样的结构，在叶面上分布着气孔。气孔就像植物的窗户，通过它，植物可以吸收空气中的二氧化碳。

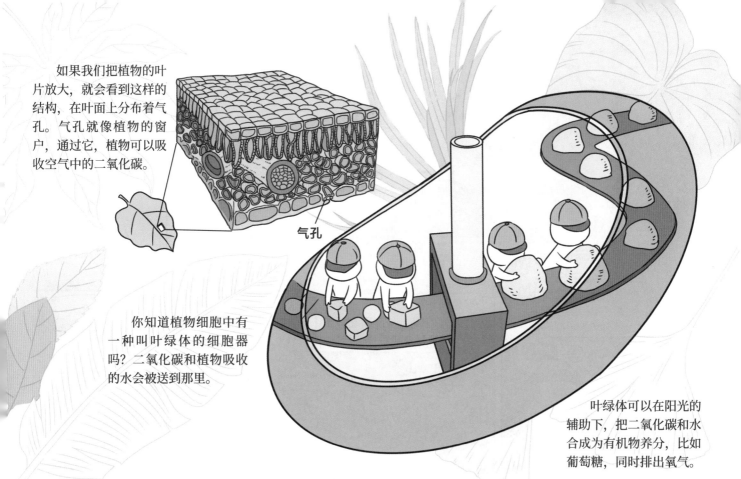

气孔

你知道植物细胞中有一种叫叶绿体的细胞器吗？二氧化碳和植物吸收的水会被送到那里。

叶绿体可以在阳光的辅助下，把二氧化碳和水合成为有机物养分，比如葡萄糖，同时排出氧气。

这些氧气也会经由气孔再次释放到空气中，所以像森林这样植物多的地方，空气会更清新。

真棒啊！

可惜我们现在离森林太远了。

没关系，你也可以多在家中养一些植物，就可以创造自己的天然小氧吧了。

芦荟

芦荟的品种很多，样子也多种多样，种植也很简单。只要将芦荟放在明亮、通风的地方，偶尔浇透土壤，芦荟就能够生机勃勃地成长起来。

吊兰

吊兰是一种美丽的室内绿植，它的叶片又细又长，垂下来时就像是绿色的瀑布。

虎皮兰

虎皮兰是一种出色的"氧气制造机"，它的颜色美丽，形状可爱，不仅能够吸收空气中的有害物质，而且产氧量很高。

会呼吸的植物

你这是准备干什么?

我计划一早去森林公园慢跑,减减肥……让自己多吸一些新鲜氧气。

那你的计划可有很大的问题,早上森林中氧气并不丰富。

你不是说植物会释放氧气吗?氧气怎么会不丰富呢?

那是植物的光合作用,需要有阳光的辅助。夜里没有阳光,植物只会进行呼吸作用。

植物也会呼吸?

当然了。

植物维持自己的生命活动需要能量。这些能量通过分解有机物获得。呼吸作用就是分解有机物获得能量的过程。

有机物 + O_2 → + + CO_2 二氧化碳

呼吸作用会让有机物和氧气反应,产生能量,然后分解出二氧化碳和水。

任何生物活动都需要能量,而获得能量的方式就是呼吸作用,呼吸伴随着生物活动的一生。

你记得种子发芽的过程吧。种子在发芽的过程中会逐渐变小。这就是因为呼吸作用消耗了其中的有机物,转换成了生长所需的能量。

大自然的奉献者

在构成生命的要素中，碳、氧、水都是必不可少的，各种生物的生命活动都离不开它们。同时，自然环境中的碳、氧和水还会不断地循环，以保证我们所需的这些要素不会被耗尽。植物在这一循环中起到了非常重要的作用。

自然界中的碳、氧循环

人类和动物不仅在呼吸时会吸入氧气，呼出二氧化碳，而且燃烧也要消耗氧气，产生二氧化碳。二氧化碳还是一种会让地球升温的温室气体，所以减少二氧化碳的排放一直是环境保护的重点工作。植物的光合作用可以吸收大量的二氧化碳，并把二氧化碳中的碳转化为有机物，这些有机物又可能成为动物的食物，随后又进入自然界中的碳循环，因此植树造林对环保有重要意义。

降水

森林总是让人感觉很凉快。

这都是因为植物的蒸腾作用。蒸腾时会吸热，所以你会感到凉爽。

湖泊

动物残骸被分解后，也会被植物吸收，回归到生态循环中。

水蒸气

植物的蒸腾作用和光合作用

O_2

CO_2

植物的树叶可以挡住雨滴，保护了土壤不会被雨水直接冲刷，这样就减少了水土流失。

海洋

河流

地下水

植物的根可以锁住土壤中的水分，有效防止荒漠化。

数亿年前的植物残骸经过漫长的岁月转化为煤炭，成为燃料，在燃烧中重新转化为二氧化碳。

植物与水循环

你也许知道水会经过冰川、江、河、湖、海和天气中的雨、雪在世界中循环。但你知道植物在水循环中也扮演了重要角色吗？

植物为了可以让水分通过体内的导管输送到全身，需要使用蒸腾作用来产生让水在体内移动的力量。蒸腾作用会让水蒸气从气孔散发到空气中，这些水也是水循环的重要组成。

会害羞的含羞草

含羞草又叫知羞草，它是一种会"害羞"的植物，只要你用手指轻轻触碰它，它的叶子会像害羞一样悄悄闭合起来。含羞草到底为什么会这样呢？难道真的是因为它的性格腼腆，被人触碰一下就会害羞吗？

含羞草"害羞"的秘密

含羞草"害羞"的真正原因是含羞草的叶子以及叶柄都具有特殊构造，一旦触碰到叶柄的基部，叶枕中的水分和细胞液就会被排出，让叶子的开合状态发生改变。

这是怎么了，含羞草不"害羞"啦！

含羞草与动物不同，它没有神经系统，没有肌肉，但是体内特殊的结构让它也能像动物一样，对外界刺激做出反应。

这是因为你触碰含羞草的次数太多啦！水分和细胞液已经排出太多了，无论怎么触碰，它都不会再收缩叶子了。

含羞草叶面有轻微的毒性，你回去可要好好洗手。

含羞草作为亚灌木状的草本植物，长成后它的高度一般为1米左右，小小的叶柄上很可能会同时有十几对的叶片，每一对互生的叶片就像是羽毛一样漂亮。

含羞草的叶子

能够"预报"天气的含羞草

含羞草是一种神奇的植物,能够"预报"天气。如果你触摸含羞草,它的叶子闭合很快但是张开时又很缓慢,就说明天气会变成晴天。如果含羞草叶子收缩很缓慢,下垂也很慢,有时甚至会象征性地闭合一下就又张开,就说明将要下雨了。含羞草闭合的快慢其实间接反映了空气湿度的大小,因此,它也成了名副其实的"天气预报员"。

含羞草的"老家"在热带的巴西,那里长年有大风大雨。每次只要有雨滴拍打叶子,含羞草就会闭合叶片,来躲避暴雨给它的伤害。

含羞草这种技能有什么实际作用吗?

含羞草的花朵颜色主要有粉红色和紫色,花朵的形状就像是一颗小小的绒球。含羞草的花语是害羞、敏感、礼貌,这是因为含羞草每次收拢叶片的时候,就像很礼貌地向人鞠躬。

含羞草的果实

含羞草的花朵在凋谢之后就会结出小小的豆荚,生命的种子在其中孕育。

含羞草小小的果实

会捕猎的植物

你在看什么呢?

捕食,植物也会捕食吗?

这株植物长得好奇怪呀。

嘘,我等了好久,想看瓶子草捕食昆虫。

当然了,有些植物的捕食能力可是很强的。

在一些自然环境中,土地中缺乏植物所需的养分(比如氮),进而导致缺乏这些元素的植物枯萎死亡。

于是植物就想到从一些较小的动物,如昆虫身上获取营养,因为动物体内营养丰富。

所以捕猎可是这些植物赖以生存的必要技能。

我还是不信动物会被植物吃掉。

哦,来了一只小虫吃蜜,瓶子草不动手吗?

小声点,好戏在后面呢。

那你就和我一起等等看。一定会让你大开眼界。

啊!掉下去了!

这就是瓶子草的捕食办法——陷阱。

你看瓶子草由一片叶子卷起而成，这片叶子颜色艳丽，还会分泌出极其香甜的蜜汁。

昆虫们被吸引后爬到瓶口吸食蜜汁，有一些昆虫就会滑落到瓶子里。

瓶子草的内壁非常光滑，昆虫想要爬上去非常困难，而且内壁中还会有阻止虫子向上爬的倒毛组织。

想想有点儿可怕呀，会不会有能吃人的植物呢？

哈哈，目前还没有那么巨大的食虫植物。

可是这样瓶子草也吃不到昆虫啊。

不过确实有科学家发现过不慎跌落到食虫植物中的老鼠的尸体。

瓶子草是会分泌消化液的，昆虫在消化液的作用下，就会被分解啦。

这只是大自然中正常的生存竞争而已……

啊，真是令人毛骨悚然！

这些也是瓶子草吗？

对，这些是瓶子草的花朵。瓶子草生活在沼泽地带，每年的春季就会开出美丽的花朵。

它们还真是既美丽又危险呀。

是啊，大自然的杰作真奇妙啊。

瓶子草的奇特捕猎方式我知道了，那么还有其他的食虫植物吗？

喵！当然有了，大自然可是很神奇的。

那还有哪些呢？

常见的还有捕蝇草和猪笼草，随我去看看吧。

捕蝇草的叶片又大又明显，叶片边缘长着很多具有规则状的刺毛，就像是长满利齿的一张血盆大口，而捕蝇草捕食昆虫也确实依靠这样一张"大口"。

捕蝇草主要生活在沼泽还有湿地附近。捕蝇草现在是一种很受欢迎的观赏植物，只要放在向阳的地方它就能活得很好。

捕蝇草的叶子呈椭圆形。两片叶子张开时就像是一个被撑开的蚌壳一样。捕蝇草的叶子上有几根很敏感的感觉毛，叶子的边缘有很多长长的硬毛，只要昆虫在短时间内触动感觉毛次数超过两次，那么像蚌壳一样的叶子就会立即闭合，将昆虫关在两片叶片里。

捕蝇草

可是我看这些捕蝇草的叶片合拢后也并不紧密呀，一定会有小虫子能够从里面逃出来的。

救命！

不是的，猎物挣扎得越激烈，捕蝇草闭合得越紧密，然后分泌消化液分解猎物，美美地饱餐一顿。

捕蝇草的捕食过程

1. 昆虫靠近　　2. 捕蝇草感觉毛被触动　　3. 捕蝇草闭合　　4. 昆虫被消化掉

保存在琥珀中的捕蝇草祖先

哎呀，捕蝇草真聪明，那么它的本领是如何进化来的呢？

看，这是保留在琥珀中的罕见食虫植物的叶片化石，大概在距今7000万年前，捕蝇草的先祖基因产生了变异。

看，这是猪笼草。

猪笼草

茅膏菜

猪笼草的形状很奇特，它有一个独特的器官——捕虫笼，形状非常像小猪笼。猪笼草会分泌出非常香甜的味道来引诱昆虫，当昆虫不慎落入笼子底部时就会被分泌的液体淹死，而后猪笼草就会分解昆虫，获得养分。

猪笼草和瓶子草还是有很大区别的，瓶子草原产于北美洲，猪笼草主要分布在东南亚地区。它们的花朵、叶子都不相同。

但是猪笼草和瓶子草好像很相似的感觉，它们都有一个瓶子。

茅膏菜也是一种神奇的食虫植物。它的叶片上布满小小的绒毛，能分泌黏液，这些黏液虽然看起来像露珠一样晶莹剔透，但其实都是致命的陷阱。一旦有昆虫靠近，黏液就能像粘纸一样把昆虫粘住。捕到昆虫的茅膏菜会将叶子的一侧弯曲，像卷薄饼一样把虫子包裹起来，再消化吸收。

"狡猾" 的植物

与人类息息相关的植物

植物是自然界的重要组成部分,它影响着整个地球的生态圈。植物为地球上的动物提供了氧气,还提供了丰富的食物。同时,植物在生长与繁殖的过程中也得到了动物的帮助,两者互利互惠。现在,人类已经成为地球上最具影响力的优势物种,我们与植物的关系也同样紧密而复杂。

人类重要的食物来源

我们种植多种农作物来获取植物类食物。农业的发展让人类可以吃饱肚子,繁荣发展。

把果实藏起来的花生

花生是一种很常见的农作物。和一般在地上开花结果的植物不同,它有一部分花在高处,叫作不孕花,而下端的可孕花才会结果。这些可孕花结果时会把果实藏在地下,还用坚硬的外壳保护起来。

花生果实不仅可以直接食用,还可以用来榨油,就连种子红色的"外衣"也有止血的作用呢。

一粒粒的米饭——水稻

我们吃的米饭是由水稻的果实加工而成的。水稻从发芽到结果大约需要三到四个月的时间。我们把水稻的果实称为"糙米",因为其表面有一层坚硬的外壳。当把粗糙的表皮磨掉之后就露出白花花的大米啦。

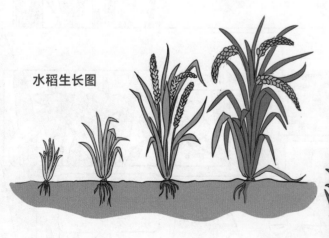

水稻生长图

我好像没见过水稻开花呢。

这是因为水稻开花只有短短的30～60分钟,很不容易见到啊。

有趣的无土栽培

　　植物为什么需要土壤呢？主要有两个目的，一是固定植物；二是植物能从土壤中获得水与无机盐等养分。所以如果我们可以把植物固定住，并定量地给它提供水和养分，是不是就可以不需要土壤了呢？答案是肯定的，这就是无土栽培技术。利用这种技术，我们可以更合理地培育各种植物，并且不受土地环境限制，更适合工业化生产农作物。

保护植被, 绿化我们的世界

　　植物是氧气的制造者，是为生物提供食物的生产者，同时它还可以帮助固定水分，改善环境。现在逐渐增多的极端天气和恶劣气候其实都与绿色植物的减少有些关系。更好地保护和种植植物，是改善环境最有效的方法之一。

制造季节的种植方式

　　植物的生长需要特定的温度和湿度，所以农作物会在适于自己生长的季节成熟。那我们有办法在不同的季节吃到各式各样的农作物吗？当然有，那就是制造温室大棚，把植物放在适宜的环境中，它们就可以安心生长了。

　　温室可以用玻璃制成屋顶，让阳光进入，还可以保持室内的温度和湿度。一般的大棚也会用塑料膜来代替玻璃。

面粉的来源——小麦

　　米和面粉是我们最重要的主食来源，米来自水稻，而面粉就来自小麦了。小麦的果实经过研磨就可以得到面粉。小麦相比水稻更喜欢干燥的环境，所以我国北方多种小麦，而南方多种水稻。

　　小麦收获时可以获得麦粒，把麦粒脱壳后研磨就可以得到白白的，可用来制作面食的面粉了。